DAS LETZTE FERMAT-THEOREM

Von

Univ.-Professor Dr. Robert Haußner

in Jena

Walter de Gruyter & Co.

vormals G. J. Göschen'sche Verlagshandlung · J. Guttentag, Verlagsbuchhandlung · Georg Reimer · Karl J. Trübner · Veit & Comp.

Berlin 1943

Archiv-Nr. 12 11 43

Druck von Walter de Gruyter & Co., Berlin W 35
Printed in Germany

Dem Andenken
meiner lieben Frau Fanny,
geb. Schrappe

Von den 48 Sätzen, die Fermat auf den Blatträndern seiner Diophant-Ausgabe ohne Beweis vermerkt hat, ist bekanntlich nur noch der Satz[1]):

„Es ist nicht möglich, einen Kubus in zwei Kuben oder ein Biquadrat in zwei Biquadrate und allgemein eine Potenz höher als die zweite in zwei Potenzen mit demselben Exponenten zu zerlegen" ohne allgemeingültigen Beweis geblieben. Wenn Fermat diesem Satze die Worte hinzufügt: „Ich habe hierfür einen wahrhaft wunderbaren Beweis entdeckt, doch ist dieser Rand zu schmal, um ihn zu fassen", so ist bei seiner unbedingten Wahrheitsliebe sicher, daß er einen Beweis gehabt hat, den er selbst für einwandfrei gehalten hat. Daß Fermat auch kein Irrtum in der Beurteilung seines Beweises unterlaufen ist, dafür spricht der Beweis, den wir hiermit der Öffentlichkeit unterbreiten. Angeregt ist derselbe durch den Gedanken, nur solche Hilfsmittel zu benutzen, die Fermat bekannt gewesen sind; zu ihnen zählen die von ihm gefundene Methode der descente infinie ou indéfinie und die von Descartes gefundenen Sätze.

Bei dem Beweise des Fermat-Theorems können wir uns bekanntlich auf die Annahme beschränken, daß der Exponent p eine Primzahl ist und die drei Zahlen x, y, z zueinander teilerfremd sind.

Die Gleichung, deren Unmöglichkeit in ganzen positiven und negativen Zahlen nachzuweisen ist, schreiben wir:

$$x^p + y^p + z^p = 0, \tag{1}$$

weil die drei Zahlen x, y, z in ihr in gleicher Weise auftreten. Dann bieten sich die beiden Fälle dar:

I. keine der drei Zahlen x, y, z ist durch p teilbar,

II. eine der drei Zahlen ist durch p teilbar.

Wir beschränken uns zunächst auf die Primzahlen $p > 5$, weil für die drei Primzahlen $p = 2, 3, 5$ nur der zweite Fall möglich ist, und weil für die einzige gerade Primzahl 2 besser die Gleichung (1) in der Form:

$$x^2 + y^2 = z^2 \tag{1'}$$

betrachtet wird, um reelle Lösungen zu erhalten.

[1]) Pierre de Fermat, Bemerkungen zu Diophant. (Ostwalds Klassiker der exakten Wissenschaften, Nr. 234, herausgegeben von Max Miller, Leipzig 1932, S. 3, II.) — Paul Bachmann, Das Fermatproblem in seiner bisherigen Entwicklung, Berlin und Leipzig 1919, Walter de Gruyter & Co.; hier ist auch die wichtigste Literatur über das Fermatproblem angegeben und sind alle bereits beantworteten Fragen behandelt. — L. E. Dickson, History of the theory of numbers, vol. II, chap. XXVI, S. 731. Washington 1920. In diesem ausgezeichneten Werke findet man die vollständige Literatur über das Fermatproblem.

§ 1.

Aus der Gleichung (1) folgt in dem Falle I die Kongruenz:

$$(2) \qquad x + y + z \equiv 0 \pmod{p}.$$

Setzen wir noch $\frac{y}{x} = t$, so erhalten wir aus (1) und (2) die weitere Kongruenz:

$$(3) \qquad (t+1)^p - t^p - 1 \equiv 0 \pmod{p^2}.$$

Besitzt diese Kongruenz eine Wurzel $t = \tau$, so besitzt sie im allgemeinen die folgenden sechs:

$$(4) \qquad \tau,\ \frac{1}{\tau},\ -1-\tau,\quad -1-\frac{1}{\tau},\ -\frac{1}{1+\tau},\ -\frac{\tau}{1+\tau}.$$

Nur für die Zahlen 0 und 1 reduzieren sich diese sechs Lösungen auf je drei:

$$(4') \qquad 0,\ -1,\ \infty$$

und

$$(4'') \qquad 1,\ -2,\ -\tfrac{1}{2}.$$

Nun gilt, wie schon Cauchy[1]) gezeigt hat, die Gleichung:

$$(5) \qquad (t+1)^p - t^p - 1 = t(t+1)\,(t^2+t+1)^\delta f(t),$$

wo δ stets den Wert 1 hat für Primzahlen von der Form $6n - 1$ und den Wert 2 für Primzahlen von der Form $6n + 1$ und in beiden Fällen auch keinen höheren Wert haben kann; $f(t)$ aber ist eine algebraische Funktion vom Grade $6(n-1)$. Die beiden ersten Faktoren der rechten Seite in (5) verschwinden für die Zahlen (4′) und liefern die triviale Lösung $x, y = 0, z = -x$ von (1), die wir unberücksichtigt lassen können. Der dritte Faktor liefert die quadratische Kongruenz:

$$(6) \qquad t^2 + t + 1 \equiv 0 \text{ oder } (2t+1)^2 \equiv -3 \pmod{p},$$

welche nur Wurzeln hat, wenn -3 quadratischer Rest mod p ist, d. h. wenn das Legendresche Symbol $\left(\frac{-3}{p}\right)$ den Wert $+1$ hat. Nach dem quadratischen Reziprozitätsgesetz aber ergibt sich:

$$(7) \qquad \left(\frac{-3}{p}\right) = \left(\frac{-1}{p}\right)\left(\frac{3}{p}\right) = (-1)^{\frac{p-1}{2}}\left(\frac{3}{p}\right) = \left(\frac{p}{3}\right) = \left(\frac{6n \mp 1}{3}\right) = \mp 1,$$

wo das obere Zeichen für Primzahlen von der Form $6n - 1$ und das untere für solche von der Form $6n + 1$ gilt. Nur für die letzteren hat also die Kongruenz (6) überhaupt Wurzeln und kann speziell solche haben, die $1, -2, -\frac{1}{2}$ mod p^2 kongruent sind. Gewisse Umstände scheinen darauf hinzudeuten, daß die aus ihnen gebildete Kongruenz:

$$(8) \qquad \frac{2^{p-1} - 1}{p} \equiv 0 \pmod{p}$$

[1]) Journ. des Mathém. T. 6 (1840), P. 211. Auf anderem Wege habe ich den gleichen Nachweis geführt in einer Arbeit: Über eine besondere Abelsche Gleichung (Jahresber. d. Deutschen Math.-Ver., Bd. 43, 1933, S. 49/50.)

nur für Prinzahlen von der Form $6n + 1$ möglich ist; von dieser Form sind auch die beiden bis jetzt gefundenen Primzahlen 1093 und 3511, für die die Kongruenz (8) gilt[1]). Die Fragen, wann die Kongruenz:

$$f(t) \equiv 0 \pmod{p} \tag{9}$$

Wurzeln und wieviele sie haben kann, sind bis jetzt unbeantwortet.

Aus der Kongruenz (3) können wir folgern, daß

$$y \equiv \tau x, \quad z = -(1 + \tau)x \tag{10}$$

sein muß, wo x eine beliebige, nicht durch p teilbare ganze Zahl ist, daß also alle Wertetripel x, y, z gegeben sind durch die Gleichungen:

$$x, \quad y = (\tau + \mu_1 p)x, \; z = -(1 + \tau + \mu_2 p)x, \tag{11}$$

wo μ_1 und μ_2 ganze positive oder negative Zahlen und so gewählt sind, daß x, y, z keinen gemeinsamen Teiler besitzen.

Setzen wir diese Werte in die Gleichung (1) ein, so erhalten wir eine Bedingungsgleichung zwischen den Größen x, τ, μ_1, μ_2, welcher dieselben genügen müssen, wenn die Gleichung (1) durch ganze Zahlen erfüllt werden kann. Leicht erkennt man, daß aus ihr die oben erwähnte triviale Lösung durch spezielle Wahl der vier Größen erhalten werden kann. Um die Fermatsche Behauptung zu beweisen, muß dann gezeigt werden, daß für keine andere Wahl der Größen x, τ, μ die gefundene Bedingungsgleichung und damit die Gleichung (1) im Falle I erfüllt ist. Ob dieser Weg, die Behauptung Fermats zu beweisen, gangbar ist, bleibe dahingestellt. Wir wollen im Folgenden einen anderen Weg einschlagen, der ohne größere Rechnungen zum Ziele führt.

§ 2.

Wenn die Gleichung (1) in ganzen Zahlen möglich ist, so muß sich die Summe zweier p^{ten} Potenzen, z. B. die Summe der beiden ersten Potenzen der Gleichung (1) als p^{te} Potenz einer ganzen Zahl darstellen lassen. Ferner müssen zwei der drei Zahlen x, y, z positiv und die dritte negativ oder umgekehrt zwei negativ und die dritte positiv sein. Weil die drei Zahlen in (1) gleich berechtigt erscheinen, so ist es keine Beschränkung der Allgemeinheit, wenn wir x und $y > 0$ voraussetzen. Wir sehen dann sofort, daß die Ungleichung:

$$y^p < x^p + y^p < (x + y)^p \tag{12}$$

bestehen muß, und können mithin schreiben:

$$x^p + y^p = (\varepsilon x + y)^p, \tag{13}$$

wo ε eine zwischen 0 und 1 gelegene Zahl.

Um den Charakter der Zahl ε zu bestimmen, betrachten wir diese Gleichung als eine Gleichung mit der Unbekannten $\zeta = \varepsilon x$ und schreiben sie in der Gestalt:

---

[1]) Haußner, Reste von $2^{p-1}-1$ nach dem Teiler p^2 für alle Primzahlen bis 10009. (Archiv for Mathematik og Naturvidenskab. Bd. XXXIX, Nr. 2, Oslo 1925.)

$$(14) \qquad \zeta^p + c_1\zeta^{p-1} + \cdots + c_{p-1}\zeta + c_p = 0,$$

wo

$$c_\nu = \binom{p}{\nu} y^\nu \text{ für } \nu = 1, 2, \ldots, p-1, \; c_p = -x^p \text{ ist.}$$

Nach dem bekannten Satze von Descartes über den Zusammenhang der Anzahl reeller Wurzeln einer Gleichung mit der Anzahl der Zeichenwechsel in ihrer Koeffizientenreihe hat die Gleichung (14) nur eine reelle Wurzel, die das entgegengesetzte Vorzeichen von c_p haben und ein ganzzahliger Faktor von $c_p = -x^p$ sein muß, weil der Koeffizient von ζ^p gleich 1 ist. Die Zahl x kann im Anfange der Untersuchung zwar willkürlich als zu p teilerfremde positive ganze Zahl gewählt werden, ist aber dann für die ganze Untersuchung als fest zu betrachten. Weil die Wurzel $\varepsilon_0 x$ ein ganzzahliger Faktor von x^p ist, so kann ε_0 nur ein echter Bruch oder eine irrationale Zahl sein.

Wir wollen zeigen, daß das erstere unmöglich ist. Es sei $\varepsilon_0 = \frac{a}{b}$, wo $a \geqq 1$ und b positive ganze Zahlen sind, die als zueinander teilerfremd vorausgesetzt werden können und von denen $b > a$ sein muß. Aus der Gleichung (14) folgern wir die weitere:

$$(15) \qquad \sum_{\nu=0}^{p-1} \binom{p}{\nu} (ax)^{p-\nu}(by)^\nu - (bx)^p = 0$$

und aus ihr die Kongruenz:

$$(16) \qquad b^p \equiv a^p, \text{ also } b \equiv a \pmod{p}.$$

Ist nun eine der beiden Zahlen a oder b durch p teilbar, so muß es auch die andere sein, was gegen die Voraussetzung der Teilerfremdheit der beiden Zahlen verstoßen würde. Wir können also a und b als nicht durch p teilbar voraussetzen.

Weil $\varepsilon_0 x$ als ganze Zahl gefunden war, so können wir wegen $\varepsilon_0 x = \frac{a}{b} x$ weiter annehmen, daß x von der Gestalt:

$$(17) \qquad x = a^\alpha b^{\beta+1} \xi$$

sein muß, wo $\alpha \geqq 0$ und $\beta \geqq 0$ ganze Zahlen sind und ξ durch keine der beiden Zahlen a und b teilbar ist, wenn ξ auch mit den beiden Zahlen Teiler gemeinsam haben kann. Setzen wir diesen Wert von x in die Gleichung (15) ein, so können wir noch den Faktor $a^\alpha b^{\beta+p}\xi$ absondern und erhalten die Gleichung:

$$(18) \qquad \sum_{\nu=0}^{p-1} \binom{p}{\nu} (a^{\alpha+1}b^\beta\xi)^{p-\nu-1} a y^\nu - (a^\alpha b^\beta \xi)^{p-1} b^p = 0.$$

In der Gleichung (18) sind, wenn $\alpha > 0$ und $a > 1$ ist, alle Glieder mit Ausnahme des letzten Summengliedes pay^{p-1} durch $a^{\alpha+1}b^\beta\xi$ teilbar. Soll aber diese Gleichung durch ganze Zahlen erfüllt werden können, so muß auch dieses Glied durch $a^{\alpha+1}b^\beta\xi$ teilbar sein, also y^{p-1} durch $a^\alpha b^\beta \xi$. Wir können also weiter schließen, daß y und x einen Teiler gemeinsam haben müssen. Welchen Wert bei diesem Schlusse ξ besitzt, ist gleichgültig; es gilt daher der Schluß auch für $\xi = 1$. Der Wert von β spielt keine Rolle.

Nachtrag.*)

Auf S. 9 Z. 9 v. u. muß es heißen $a^\alpha b^\beta \xi$ statt $a^\alpha b^{\beta+p} \xi$

Auf S. 9 sind die beiden letzten Abschnitte zu ersetzen durch die folgenden:

Dieser Schluß versagt für $\xi' = 1$. D nn besteht noch die Möglichkeit, daß a' und d^{p-2} einen größten gemeinsamen Teiler > 1 haben: $a' = \delta\hat{a}$, $d^{p-2} = (\delta\hat{d})^{p-2}$. Dann geht die Gleichung (19) über in die Gleichung:

$$(19') \qquad \sum_{\nu=0}^{p-1} \binom{p}{\nu} (\delta^3 \hat{a} \hat{d}^2)^{p-\nu-1} \hat{a} y^\nu - \delta^{p-3} d^{p-2} b^p = 0.$$

In dieser haben alle Glieder mit Ausnahme des letzten Summengliedes mit $\delta\hat{d}$, bez. mit $\hat{d}$ (je nachdem $p > 3$, bez. $p = 3$ ist) einen Faktor gemeinsam, weshalb auch das gleiche für y und $\delta\hat{d}$ gelten muß. Daher müssen wieder y und x einen gemeinsamen Teiler besitzen.

Mithin ist nur noch der Fall übrig geblieben, daß $\alpha = \beta = 0$, $a = \xi = 1$ ist. Die dann aus (18) resultierende Gleichung:

$$(20) \qquad f = \sum_{\nu=0}^{p-1} \binom{p}{\nu} y^\nu - b^p = (1 + y)^p - y^p - b^p = 0,$$

in der alle Potenzen der Unbekannten y ganzzahlige und durch p noch teilbare Koeffizienten haben, kann nach dem Satze von Descartes nur eine positive und nur eine negative Wurzel haben. Sollen die Wurzeln ganzzahlig oder allgemeiner rational sein, so müssen sie gleich dem konstanten Gliede der Gleichung: $b^p - 1$ oder gleich Teilern davon sein. Das konstante Glied zerfällt in die beiden Faktoren:

$$(20') \qquad b^p - 1 = (b - 1)(b^{p-1} + b^{p-2} + \cdots + b + 1).$$

Nun wächst f von dem negativen Werte $1 - b^p$ über den größeren, aber noch negativen Wert $(1 - b)^p$ bis $+ \infty$, sowohl wenn y von 0 wächst über $b - 1$ bis $+ \infty$, als auch wenn y abnimmt von 0 über $-b$ bis $-\infty$. Daher kann die Gleichung (20) keine ganzzahlige Wurzel zwischen $-b$ und $b - 1$ haben; die beiden reellen Wurzeln der Gleichung (20) liegen vielmehr außerhalb dieser Grenzen. Da aber beide Wurzeln von dem ersten Faktor der rechten Seite von (20') herrühren und die Gleichung (20) nur zwei reelle Wurzeln besitzt, so kann der zweite Faktor der rechten Seite von (20') keine ganzzahlige, sogar keine rationale Wurzel der Gleichung (20) liefern. Dies entspricht der Tatsache, daß nach der Theorie der binomischen Gleichungen:

$$b^p - 1 = \prod_{\nu=0}^{p-1} \left(b - \cos \frac{2\nu\pi}{p} - i \sin \frac{2\nu\pi}{p} \right)$$

ist, wo also alle Faktoren des Produktes komplexe Zahlen sind, mit Ausnahme des ersten Faktors: $b - 1$. Bei unserer Untersuchung aber scheiden komplexe Zahlen von vorn herein aus. Damit ist von neuem gerechtfertigt, daß nur der erste Faktor von (20') in dem Beweise berücksichtigt ist.

Auf S. 15 Z. 4 v. u. sind die Worte „von geradem Grade ist, während jene von ungeradem Grade war" zu ersetzen durch die Worte: „von ungeradem Grade ist, während jene von geradem Grade war".

*) Dieser Nachtrag ist notwendig, nur weil die ursprüngliche Fassung vielleicht etwas zu kurz war in dem Teile von „Mithin ist nur noch ...." bis zum Schlusse, während in dem Teile vorher nur die Voraussetzung $d^{p-2} = \delta\hat{d}^{p-2}$ angegeben war, dagegen die Voraussetzung $a' = \delta\hat{a}$ versehentlich nicht angeführt war. Sachliche Irrtümer sind mir nicht bekannt geworden.

Ist jedoch $\alpha = 0$, aber $\beta > 0$, so sind alle Glieder mit Ausnahme des letzten Summengliedes durch b teilbar, was dann auch y^{p-1} sein muß. Folglich können wir wieder schließen, daß y und x einen Teiler gemeinsam haben müssen. Dagegen dürfen wir nicht schließen, daß die Gleichung unmöglich ist, weil ihr letztes Glied a nicht explizite enthält, denn es wäre möglich, daß ξ mit a einen Faktor gemeinsam hat, so daß zwar ξ nicht durch a teilbar ist, wohl aber ξ^{p-1}; z. B. $a = 9$, $\xi = 3$. Auch für $a = 1$ versagt der Schluß im vorigen Abschnitte; wohl aber bleibt der Schluß mit Hilfe von b gültig, weil $b > a$, also stets > 1 ist. Auch hier ist der Wert von ξ ohne Einfluß.

Wenn aber $\alpha = 0$ und $\beta = 0$ ist, so benutzen wir ξ zum weiteren Schlusse, wenn $\xi > 1$ ist. Hier bieten sich dann zwei Möglichkeiten dar, je nachdem ξ und a teilerfremd sind oder nicht. Bei der ersteren Möglichkeit sind alle Glieder der Gleichung (18) durch ξ teilbar, mit Ausnahme des letzten Summengliedes, woraus dann wieder folgt, daß y und x einen gemeinsamen Teiler haben müssen. Ist aber $a = a'd$, $\xi = \xi'd$, wo d der größte gemeinsame Teiler von a und ξ ist, so erhalten wir nach Division durch d die Gleichung:

$$(19) \qquad \sum_{\nu=0}^{p-1} \binom{p}{\nu} (a'\xi'd^2)^{p-\nu-1} a' y^\nu - \xi'^{p-1} d^{p-2} b^p = 0.$$

Weil alle Glieder dieser Gleichung mit Ausnahme des letzten Summengliedes $pa'y^{p-1}$ den Faktor ξ' enthalten und nach der Definition von d die Zahlen a' und ξ' teilerfremd sind, so muß y mit ξ', also auch mit x einen Teiler gemeinsam haben.

Dieser Schluß versagt für $\xi' = 1$. Die Gleichung (19) kann dann in ganzen Zahlen nur bestehen, wenn $d^{p-2} = \delta a'$ ist, wo δ eine ganze Zahl > 1 bezeichnet, die noch durch a' teilbar sein kann. Nach Division durch a' erhalten wir aus der Gleichung (19) die besondere:

$$(19') \qquad \sum_{\nu=0}^{p-1} \binom{p}{\nu} (a'd^2)^{p-\nu-1} y^\nu - \delta b^p = 0,$$

aus welcher wieder folgt, daß y und δ, also auch y und x einen Teiler gemeinsam haben müssen.

Mithin ist jetzt nur der Fall übrig geblieben, daß $\alpha = \beta = 0$, $a = \xi = 1$, $\delta = 1$ ist. Die dann aus (18) resultierende Gleichung:

$$(20) \qquad f = \sum_{\nu=0}^{p-1} \binom{p}{\nu} y^\nu - b^p = (1+y)^p - y^p - b^p = 0,$$

in der alle Potenzen der Unbekannten y ganzzahlige und durch p teilbare Koeffizienten haben, kann aber als ganzzahlige Wurzeln nur die Teiler des konstanten Gliedes $b^p - 1$, also $b - 1$ selbst und seine Teiler haben. Für $y = 0$ hat f den Wert $1 - b^p$ und für $y = b - 1$ den Wert $(1 - b)^p$, während es zwischen diesen beiden Werten von y das Zeichen nicht wechseln kann. Die Gleichung (20), die nach dem Satze von Descartes eine positive Wurzel haben muß, ergibt also für y eine irrationale Zahl.

Aber auch in den früheren Fällen, in denen wir gefunden hatten, daß y und x einen gemeinsamen Teiler haben müssen, kommen wir zu dem gleichen Ergebnis, daß nicht beide Zahlen rational sein können. Denn wir folgern aus dem erwähnten Ergebnis weiter: Soll die Gleichung (1) von drei ganzen Zahlen erfüllt werden können, so müssen die drei Gleichungen bestehen:

$$x = gx', \quad y = gy', \quad z = gz', \tag{21}$$

deren drei Zahlen x', y', z' die Gleichung (1) erfüllen müssen:

$$x'^p + y'^p + z'^p = 0. \tag{1'}$$

Die Gleichung (1′) untersuchen wir in derselben Weise weiter, wie bisher die Gleichung (1), indem wir $x'^p + y'^p = (\varepsilon' x' + y')^p$ setzen und den Charakter von ε' ermitteln. Wir finden, daß y' und x' einen gemeinsamen Teiler g' haben müssen, den dann auch z' haben muß, wenn die Gleichung (1′) befriedigt sein soll. So fortfahrend erhalten wir immer weitere Tripel ganzer Zahlen, von denen die Zahlen eines jeden Tripels kleiner sind als die Zahlen des vorangegangenen:

$$x > x' > x'' > \ldots, \quad y > y' > y'' > \ldots, \quad z > z' > z'' > \ldots. \tag{22}$$

Weil es sich aber stets um ganze Zahlen handelt, so ist dieses Ergebnis unsinnig. Der gemachte Fehler kann nur in der Annahme liegen, daß ε_0 eine rationale Zahl sein muß; es muß also ε_0 eine irrationale Zahl sein. Mit ε_0 ist $\varepsilon_0 x + y$ aber auch irrational, womit das letzte Theorem Fermats im Falle I bewiesen ist.

Wir haben bisher die Voraussetzung der Teilerfremdheit von x, y, z gar nicht nötig gehabt. Wir können schon aus dem gegen diese Voraussetzung verstoßenden Ergebnis, daß y und x einen gemeinsamen Teiler g haben müssen, die Richtigkeit des letzten Fermat-Theorems schließen; aber es ist dann nicht mit gleicher Schärfe zu erkennen, daß nur die Annahme, ε_0 sei eine rationale Zahl, der Grund des erhaltenen Widerspruchs gegen die Voraussetzung der Teilerfremdheit von y und x ist. Im Grunde genommen kommen wir auch jetzt zu einer descente, indem noch zu zeigen ist, daß auch $\frac{x}{g}, \frac{y}{g}, \frac{z}{g}$ die Gleichung (1) nicht befriedigen.

Fermat hat auch nicht angedeutet, an welcher Stelle seines Beweises eine descente angeknüpft werden kann. Jedenfalls läßt sich in dem vorstehend gegebenen Beweise an keiner anderen Stelle eine solche anknüpfen.

§ 3.

Wir haben bisher versucht, den ursprünglichen Beweis von Fermat wieder zu finden; nun geben wir noch einen zweiten Beweis, der auch an die Gleichung (18) anknüpft, aber nicht die Unterscheidung so vieler Möglichkeiten nötig macht und ohne jede descente zum Ziele führt. Der Ausgangspunkt ist wieder die Gleichung (18), die wir auch schreiben können:

$$(23)\qquad (a^{\alpha}b^{\beta}\xi)^{p-1}\left\{\sum_{\nu=0}^{p-1}\binom{p}{\nu}\frac{a^{p}y^{\nu}}{(a^{\alpha+1}b^{\beta}\xi)^{\nu}}-b^{p}\right\}=0$$

oder, wenn wir noch den Faktor a^p vor die Klammer setzen:

$$(24)\qquad (a^{\alpha}b^{\beta}\xi)^{p-1}a^{p}\left\{\sum_{\nu=0}^{p-1}\binom{p}{\nu}\frac{y^{\nu}}{(a^{\alpha+1}b^{\beta}\xi)^{\nu}}-\left(\frac{b}{a}\right)^{p}\right\}=0.$$

Setzen wir zur Abkürzung:

$$(25)\qquad \frac{y}{a^{\alpha+1}b^{\beta}\xi}=\eta,\quad \frac{b}{a}=q,$$

so lautet die zu untersuchende Gleichung:

$$(26)\quad f(\eta)=\sum_{\nu=0}^{p-1}\binom{p}{\nu}\eta^{\nu}-q^{p}=0 \text{ oder } f(\eta)=(\eta+1)^{p}-\eta^{p}-q^{p}=0.$$

Nach dem Satze von Descartes hat die Gleichung (24) eine reelle positive Wurzel; sie hat aber auch nur eine reelle negative Wurzel, wie wir leicht erkennen, wenn wir $\eta=\eta'-\frac{1}{2}$ setzen und beachten, daß die sich ergebende Gleichung:

$$(27)\qquad f(\eta'-\tfrac{1}{2})=(\eta'+\tfrac{1}{2})^{p}-(\eta'-\tfrac{1}{2})^{p}-q^{p}=0$$

unverändert bleibt bei der Ersetzung von η' durch $-\eta'$. Die linke Seite von (27) hat also für zwei Werte von η', die sich nur durch das Vorzeichen unterscheiden, den gleichen Wert; im besonderen hat die reelle negative Wurzel von (27) denselben absoluten Wert wie die reelle positive Wurzel. Nun ist noch zu zeigen, daß beide Wurzeln irrational sind. Die Gleichung (24) ist dieselbe wie die Gleichung (18), wenn wir in derselben und in den an sie geknüpften Betrachtungen b durch q ersetzen. Weil nach den Festsetzungen in § 2 über die Vorzeichen von x und y und $b-a$ die Größe $q-1$ positiv ist, so durchläuft $f(\eta)$ die negativen Werte $(1-q)^p \ldots 1-q^p \ldots (1-q)^p$ für $\eta=-q\ldots 0\ldots q-1$. Die reellen rationalen Wurzeln der Gleichung (26) können aber*) nur der einzige reelle lineare Faktor $q-1$ des konstanten Gliedes q^r-1 und die Teiler von $q-1$ sein; weil aber $f(\eta)$ sein Vorzeichen nicht ändert für die Werte von η zwischen $-q$ und $q-1$, so können wir weiter schließen, daß die Gleichung (26) keine rationalen Wurzeln, sondern nur zwei irrationale Wurzeln besitzen kann. Folglich ist die Annahme, daß ε_0 eine rationale Zahl ist, unzulässig; mit ε_0 ist aber auch $\varepsilon_0 x+y$ eine irrationale Zahl.

Ist $x=1$, so versagt der Schluß, durch den nachgewiesen wurde, daß y und x einen gemeinsamen Teiler haben müssen, aber die Ungleichung (12) bleibt gültig. Aus ihr folgt dann, daß $1+y^p$, wo $y\geqq 1$ ist, zwischen den p^{ten} Potenzen zweier aufeinander folgenden ganzen Zahlen liegt, also nicht selbst die p^{te} Potenz einer ganzen Zahl sein kann, sondern eine irrationale Zahl sein muß; dies gilt auch noch für $y=1$, wo dann aus (1) sofort die Richtigkeit der Behauptung folgt: $z=-\sqrt[p]{2}$.

*) Nach der Theorie der binomischen Gleichungen.

Es ist möglich, daß der vorstehend gegebene Beweis mit dem übereinstimmt, den Fermat besessen und den er selbst als geradezu wunderbar bezeichnet hat. In einem Briefe an Carcavi hat er sich ausführlicher über seine Methode der descente infinie ou indéfinie ausgesprochen und auch auf eine Aussage hingewiesen, zu deren Beweis er sie benutzt hat. Auch die Frage nach der Auflösung der Gleichung $x^3 + y^3 = z^3$ durch drei ganze Zahlen bezeichnet er als eine solche, für deren Lösung sich die Methode eigne, ohne aber anzugeben, wo seine Methode der descente anknüpft. Das ist nach Bachmanns[1]) Angabe so ziemlich die einzige Stelle, an der Fermat auf die fragliche Aussage zurückkommt. Die von Euler, Dirichlet und anderen gegebenen Beweise der Fermatschen Aussage für spezielle Werte des Exponenten $p = 3, 5, \ldots$ lassen sich wegen der komplizierten Ausdrücke, die sich ergeben, nicht verallgemeinern.

§ 4.

Wir wenden uns jetzt dem bisher nur wenig behandelten Falle II zu, der sich auf dem von uns eingeschlagenen Wege ebenfalls erledigen läßt.

Die Gleichung (1) benutzen wir in der Form:

$$x^p + y^p = -z^p. \qquad (1')$$

Damit diese Gleichung erfüllt wird, müssen wieder zwei der drei Zahlen x, y, z positiv, die dritte negativ sein oder umgekehrt. Wie im vorigen Paragraphen wird durch Multiplikation der Gleichung (1') mit -1 die zweite Möglichkeit auf die erste zurückgeführt, und wir wählen dann die positiven Zahlen als x und y, die negative als z. Jetzt aber ergeben sich zwei Unterfälle:

a) z ist durch p teilbar, x und y sind es nicht;
b) y ist durch p teilbar, x und z sind es nicht.

Der Unterfall a) ist schon durch die Betrachtungen in § 2 erledigt, weil bei dem Nachweise, daß die Summe $x^p + y^p$ nicht gleich der p^{ten} Potenz einer rationalen Zahl sein kann, der Wert von z keine Rolle gespielt hat. Deshalb kann auch hier die Gleichung (1') nicht durch ganze Zahlen erfüllt werden.

Aus (1') folgt im Unterfalle b), wenn $y \equiv 0 \pmod{p^m}$, aber nicht $\equiv 0 \pmod{p^{m+1}}$ ist, und x und z nicht durch p teilbar vorausgesetzt werden:

$$x^p + z^p \equiv 0 \pmod{p^{mp}}. \qquad (28)$$

Wie in dem Falle I können wir auch hier für x ganz willkürlich jede beliebige zu p teilerfremde Zahl wählen. Alle jetzt in Betracht kommenden Zahlen sind mithin enthalten in den folgenden Zahlenreihen:

$$x, \; y = \mu_1 p^m x, \quad z = -(1 + \mu_2 p^m)\, x, \qquad (29)$$

wo μ_1 und μ_2 beliebige ganze positive oder negative Zahlen bezeichnen, die nicht durch p teilbar sind. Nach den gemachten Voraussetzungen über die Zahlen

---

[1]) Bachmann, a. a. O., S. 3, S. 19 und folgende.

x und y gilt auch jetzt die Ungleichung:

(12) $$y^p < x^p + y^p < (x + y)^p,$$

in der wir die Werte von x und y aus den gleichen Gründen wie früher als positiv annehmen können, ohne daß die Allgemeinheit des Beweises dadurch eingeschränkt wird (vgl. § 2, Fall I, S. 7). Soll ein Wertetripel die Gleichung (1') befriedigen:

$$x^p + y^p = (1 + \mu_2 p^m)^p x^p,$$

so muß sich auch hier die linke Seite derselben auf die Form der Gleichung (13) bringen lassen:

(30) $$x^p + y^p = (\varepsilon_0 x + y)^p,$$

wo ε_0 wieder eine zwischen 0 und 1 gelegene Zahl sein muß. ε_0 kann also nur eine gebrochene oder irrationale Zahl sein, was wir in derselben Weise wie in §§ 2 und 3 folgern. Wäre $\varepsilon_0 = \frac{a}{b}$, wo a und b wieder positive ganze Zahlen bezeichnen, von denen $a \geqq 1$ und $b > a$ ist, so müßten beide Zahlen die Gleichung erfüllen, die sich aus (30) durch Einsetzen des Wertes (17): $x = a^\alpha b^{\beta+1}\xi$ und Division durch $a^\alpha b^{\beta+p}\xi$ ergibt:

(31) $$\sum_{\nu=0}^{p-1} \binom{p}{\nu} (a^{\alpha+1} b^\beta \xi)^{p-\nu-1} a y^\nu - (a^\alpha b^\beta \xi)^{p-1} b^p = 0.$$

Diese Gleichung aber ist dieselbe wie die Gleichung (18). Prüfen wir alle an diese Gleichung geknüpften Schlüsse, durch die nachgewiesen wurde, daß ε_0 keine rationale Zahl sein kann, so erkennen wir, daß alle Schlüsse gültig bleiben, weshalb ihre Wiederholung überflüssig ist. Damit ist die Richtigkeit der sogenannten letzten Behauptung Fermats auch in dem Falle II bewiesen.

§ 5.

Bisher waren die Primzahlen p, für die wir die Untersuchung durchgeführt haben, größer als 5 vorausgesetzt; es bleibt also noch die Richtigkeit der Fermatschen Behauptung für $p = 2, 3, 5$ nachzuweisen.

In bezug auf den Modul 3 sind alle ganzen Zahlen von der Form $3k + \varkappa$, wo k eine beliebige ganze Zahl und $\varkappa = 0, \pm 1$ ist. Die dritten Potenzen dieser Zahlen liefern mod 3^2 die Reste $0, \pm 1$. Setzen wir in die Gleichung (1) für x, y, z drei Zahlen ein, von denen keine durch 3 teilbar ist, so liefern ihre dritten Potenzen die unmögliche Kongruenz: $\pm 1 \pm 1 \pm 1 \equiv 0 \pmod{3^2}$, wo die Vorzeichen der drei Reste beliebig gewählt werden können. Ist aber z. B. y durch 3 teilbar und werden x und z mit entgegengesetzten Vorzeichen von $\varkappa$ genommen, so erhalten wir die zulässige Kongruenz: $\pm 1 + 0 \mp 1 \equiv 0 \pmod{3^2}$, wo entweder die beiden oberen oder die beiden unteren Zeichen zu nehmen sind.

Schreiben wir alle ganzen Zahlen in der Form $5k + \varkappa$, wo k seine vorige Bedeutung behält und $\varkappa = 0, \pm 1, \pm 2$ ist, so erkennen wir, daß ihre fünften Potenzen die Reste $0, \pm 1, \pm 7 \pmod{5^2}$ ergeben. Setzen wir nun für x, y, z drei beliebige ganze Zahlen, von denen aber keine durch 5 teilbar ist, in die

Gleichung (1) ein, so ergibt sie, als Kongruenz modulo 5^2 betrachtet, als Reste die positiven und negativen Zahlen 1, 3, 4, 5, 7, 9, 10 und 12; es können also drei derartige Zahlen nicht die Gleichung (1) befriedigen. Dies kann nur der Fall sein, wenn eine der drei Zahlen durch 5 teilbar ist, die beiden andern Zahlen aber entweder von der Form $5k+1$ und $5k'-1$ oder von der Form $5k+2$ und $5k'-2$ sind. — Die Kongruenz (3) reduziert sich für $p=3$ auf:

$$t(t+1) \equiv 0 \pmod{3^2} \tag{32}$$

und für $p=5$ auf:

$$t(t+1)(t^2+t+1) \equiv 0 \pmod{5^2}. \tag{33}$$

Beide Kongruenzen können nur die Wurzeln 0 und -1 und die zu 0, -1 kongruenten Zahlen haben, weil $t^2+t+1 \equiv 0$ für $p=5$ keine Wurzel hat, wie wir gezeigt haben. Nur für $t=0$ und $t=-1$ hat die Gleichung (1) die triviale Lösung. Für alle anderen Werte von t ergibt das Verfahren der §§ 2, 3 und 4, daß die Gleichung (1) nicht durch ganze Zahlen befriedigt werden kann.

§ 6.

Die Fermatsche Behauptung ist also nur noch zu beweisen für die Exponenten 2 und alle höheren Potenzen von 2. Zwei der Zahlen müssen ungerade, die dritte gerade sein; folglich erhalten wir die den Zahlen (29) entsprechenden:

$$x \text{ ungerade Zahl},\quad y = 2^m\mu_1,\quad z = x + 2^m\mu_2 \quad (m \geqq 1, \mu_1 \text{ ungerade}). \tag{34}$$

Sie ergeben, in die Gleichung:

$$x^2 + y^2 = z^2 \tag{35}$$

eingesetzt, für μ_2 die quadratische Gleichung:

$$x^2 + 2^{2m}\mu_1^2 = (x + 2^m\mu_2)^2, \tag{36}$$

welche die beiden Wurzeln hat:

$$\mu_2 = \frac{-x \pm \sqrt{x^2 + 2^{2m}\mu_1^2}}{2^m}. \tag{37}$$

Daher erhalten wir alle Zahlen, welche die Gleichung (35) überhaupt erfüllen können, durch die Werte:

$$x \text{ beliebige ungerade Zahl},\quad y = 2^m\mu_1,\quad z = \sqrt{x^2 + 2^{2m}\mu_1^2}. \tag{38}$$

Setzen wir noch:

$$2u^2 = x + \sqrt{x^2 + 2^{2m}\mu_1^2},\quad 2v^2 = -x + \sqrt{x^2 + 2^{2m}\mu_1^2}, \tag{39}$$

so erkennen wir, daß die drei ganzen Zahlen x, y, z in der Beziehung:

$$x = u^2 - v^2,\quad y = 2uv,\quad z = u^2 + v^2 \tag{40}$$

zueinander stehen. Diese Formeln (40) sind aber die sogenannten indischen Formeln des Brahmagupta. Da wir von den Werten (34) ausgegangen sind, die für die Erfüllung der Gleichung (35) allein in Betracht kommen können, so gibt die vorstehende Ableitung zugleich einen neuen Beweis, daß die indischen Formeln alle Pythagoräischen Zahlen liefern, die der Gleichung (35) genügen, wenn man für u und v ganze Zahlen wählt.

Es bleibt nun noch der letzte Teil der Fermatschen Behauptung zu beweisen, daß die Gleichung (1) nur für den Exponenten 2, aber für keine höhere Potenz von 2 als die erste durch ganze Zahlen erfüllt werden kann. Es genügt offenbar zu beweisen, daß die Summe zweier Biquadrate kein Biquadrat sein kann. Das in § 3 gegebene Beweisverfahren führt auch hier zum Ziele, indem wir die linke Seite der Gleichung:

$$x^4 + y^4 = z^4 \tag{41}$$

als Biquadrat schreiben. Wir beachten die Ungleichung:

$$y^4 < x^4 + y^4 < (x + y)^4, \tag{42}$$

in der wir y als positiv annehmen können, und schreiben:

$$x^4 + y^4 = (\varepsilon_0 x + y)^4, \tag{43}$$

wo dann ε_0 eine zwischen 0 und 1 gelegene Zahl sein muß. Diese Gleichung vom 4. Grade in $\varepsilon_0 x$ hat, wie leicht zu erkennen ist, zwei reelle Wurzeln, eine positive und eine negative, von denen hier nur die positive in Betracht kommen kann; sie muß ein ganzzahliger Faktor von x^4 sein. Folglich kann ε_0 nur ein echter Bruch oder eine irrationale Zahl sein.

Wir nehmen zunächst wieder an, daß $\varepsilon_0 = \frac{a}{b}$ ist, wo a und b ganze zueinander teilerfremde Zahlen sind und $b > a$ ist. Dann können beide Zahlen nur ungerade Zahlen sein. Denn aus der Gleichung:

$$\sum_{\nu=0}^{3} \binom{4}{\nu} (ax)^{4-\nu} (by)^{\nu} - (bx)^4 = 0 \tag{44}$$

folgt die Kongruenz:

$$b^4 \equiv a^4, \text{ also } b \equiv a \pmod 2 \tag{45}$$

und aus ihr, daß die teilerfremden Zahlen a und b ungerade Zahlen sein müssen.

Weil $\varepsilon_0 x$ eine ganze Zahl sein muß, so können wir x in derselben Gestalt annehmen wie früher (17): $x = a^{\alpha} b^{\beta+1} \xi$. Die aus (44) resultierende Gleichung kann noch durch $a^{\alpha} b^{\beta+4} \xi$ dividiert werden. Wir sehen dann, daß wir die Gleichung erhalten, die sich aus (18) ergibt, wenn wir in ihr $p = 4$ setzen, und können sie dann in gleicher Weise weiter behandeln wie früher in §§ 2, 3. Nur in dem Falle, daß bei beliebigem a gleichzeitig $\alpha = 0$ und $\beta = 0$ ist, gestaltet sich die Untersuchung ein wenig anders, weil die an Stelle von (22) tretende Gleichung von geradem Grade ist, während jene von ungeradem Grade war:

$$\sum_{\nu=0}^{3} \binom{4}{\nu} (a\xi)^{3-\nu} a y^{\nu} - \xi^3 b^4 = 0. \tag{46}$$

Nach dem Satze von Descartes hat diese Gleichung nur eine positive Wurzel. Wir formen diese Gleichung in derselben Weise um wie früher die Gleichung

(22) und erhalten mit Benutzung der früheren Substitutionen (23) $\frac{y}{a^{\alpha+1}b^{\beta}\xi} = \eta$, $\frac{b}{a} = q$ jetzt:

$$(47)\quad 4\eta^3 + 6\eta^2 + 4\eta - (q^4 - 1) = 0 \text{ oder } f = (1 + \eta)^4 - \eta^4 - q^4 = 0.$$

Multiplizieren wir diese Gleichung noch mit 2, so können wie sie schreiben

$$(48)\qquad (2\eta)^3 + 3(2\eta)^2 + 4(2\eta) - 2(q^4 - 1) = 0.$$

Die rationalen Wurzeln 2η dieser Gleichung sind Brüche, die wir aus dem konstante Gliede erhalten und schreiben können:

$$(49)\qquad q^4 - 1 = (q - 1)(q + 1)(q^2 + 1).$$

Hier können nur die beiden ersten Faktoren Wurzeln η liefern. Für $\eta = q - 1$ hat f den Wert $-(q - 1)^4 < 0$, weil $q < 1$ ist. Setzen wir $\eta = q + 1$ in (47) ein, so erhalten wir den Wert

$$(50)\qquad (q + 2)^4 - (q + 1)^4 - q^4 = (q + 1)(q^3 - 5q^2 - 13q - 15).$$

Statt aber das Vorzeichen des zweiten Faktors für beliebige q zu ermitteln, ist es einfacher, den Ausdruck (50) noch durch $q + 1$ zu dividieren und ihn dann gleich Null gesetzt als Gleichung zur Bestimmung von q zu benutzen:

$$(51)\qquad q^3 - 5q^2 - 13q - 15 = 0.$$

Die Faktoren 15, 5, 3, 1 geben, für q in (51) eingesetzt, der linken Seite von (51) die Werte 2040, — 80, — 72, — 32. Hieraus folgt, daß keiner der Faktoren eine Wurzel der vorgeschriebenen Art für die Gleichung (48) liefern kann. Die einzige reelle Wurzel der Gleichung (48) ist daher irrational.

Für $x = 1$ gilt das auf Seite 11 Gesagte.

Nachdem wir nun noch die Richtigkeit des Fermat-Theorems für den Exponenten 4 bewiesen haben, gilt sie für jeden beliebigen Exponenten größer als 2.

Damit ist die Richtigkeit des sogenannten letzten Fermat-Theorems in seinem vollen Umfange nachgewiesen, und wir haben in ihm neben der Eigenschaft, daß die Zahl 2 die einzige gerade Primzahl ist, eine zweite Grundeigenschaft derselben gefunden, daß $p = 2$ die einzige Zahl ist, für die die Gleichung (1) durch ganze Zahlen befriedigt werden kann.

Schluß.

Bisher ist das Fermat-Theorem für den Exponenten 4 meistens, wenn nicht ausschließlich mit Hilfe des Satzes bewiesen:

„Die Summe der Biquadrate zweier ganzer Zahlen kann nicht gleich dem Quadrate einer ganzen Zahl sein", für dessen Beweis man eine descente infinie benutzt. Wir können umgekehrt den letzteren Satz aus dem Fermatschen Satze für $n = 4$ herleiten. Wir wollen aber diese Aussage noch verallgemeinern und zeigen, daß auch die Gleichung:

$$(51)\qquad x^n + y^n = \zeta^\mu,$$

wo μ ein Teiler von n und > 1 ist, nicht durch ganze Zahlen befriedigt werden kann.

Wir haben in § 2 gefunden, daß x und y einen gemeinsamen Teiler haben müssen, wenn sie der Fermatschen Gleichung (1) genügen sollen. Das ist aber auch hier notwendig, wenn auch rechts jetzt nicht die n^{te}, sondern die μ^{te} Potenz einer ganzen Zahl steht. Wir setzen dann wieder:

$$x = gx', \quad y = gy', \quad \zeta = g^{n'}\zeta', \tag{52}$$

wenn $n = n'\mu$ ist, und erhalten:

$$g^n(x'^n + y'^n) = (\zeta' g^{n'})^\mu, \quad \text{also} \quad x'^n + y'^n = (\zeta')^\mu. \tag{53}$$

Wir haben also dieselbe Gleichung wie die ursprüngliche durch ganze, aber kleinere Zahlen zu befriedigen. Damit sind wir auch hier zu einer descente infinie gelangt, die uns die Unsinnigkeit des erhaltenen Ergebnisses und damit die Richtigkeit der aufgestellten Behauptung zeigt.

Aus diesem Satze folgen unmittelbar auch die Richtigkeit der Behauptung von Lebesgue, daß die Gleichung

$$x^{2n} + y^{2n} = z^2 \tag{54}$$

nicht durch ganze Zahlen befriedigt werden kann, und ähnlicher Aussagen.

Jena, 20. August 1942.

MIX
Papier | Fördert gute Waldnutzung
FSC® C083411

Zeitfracht Medien GmbH
Ferdinand-Jühlke-Straße 7
99095 Erfurt, Deutschland
produktsicherheit@kolibri360.de